各種挖、摳、彈、拋的趣聞與絕技

挖鼻史 ⟨狂想

Nosepicking for Pleasure

A Handy Guide by Roland Flicket

羅蘭·胡彈 Roland Flicket //著

約翰·海恩 Jon Higham //插畫

莊若愚//譯

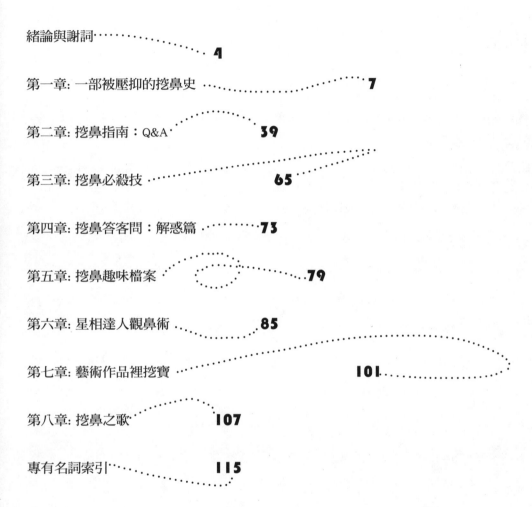

緒論

挖鼻孔是最受男人歡迎、也最古老的休閒活動，然而歷代史書對此卻未見著墨。如今隨著義交、撞球選手和手機用戶人數的增加，這種挖寶活動也更加流行，只是政府即將立法，禁止人民在餐廳、汽車和郵局挖鼻，挖鼻者的自由再度受到威脅，教人午夜夢迴，不免涕泗縱橫。

胡彈教授是舉世公認的鼻寶權威，他以這本實用的指南，為全球挖鼻同好伸張正義。這是史上首度有書記錄多少世紀以來的挖鼻史，書中不但追蹤其技巧流派的發展，同時附有各種挖、掏和彈、拋的技術指南，供同好參考學習。

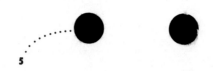

謝辭

本人深深感謝諸多親朋好友所提供的協助，讓我順利完成本書的研究。長久以來，他們犧牲寶貴的時光，當著我的面大挖特挖鼻子，對此我必須表示謝意。

我也得對聖鼻毛大學的同僚、職員，和學生致謝，感謝他們的了解和善意：謝謝海恩正確精巧的插圖、塔羅斯（見星相達人觀鼻術）對鼻子星相達人「鼻孔達姆」的研究，感謝我的出版商及其他和我爭取挖鼻權利的諸多同好，已故的國際挖寶競賽協會總裁麥斯威爾，協助打字的我妻胡彈太太，以及提供原始資料的我兒亞當。

羅蘭・胡彈
加州聖鼻毛大學
(University of St. Cilium, California)
1992年5月

..第一章..

一部
被壓抑的
挖鼻史

逾十億人口

獲得解放，擺脫束縛，

終於能夠釋出多年來的鬱積，

縱情大挖特挖......

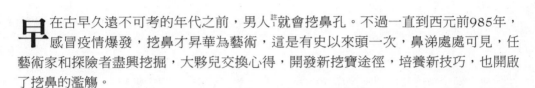

早 在古早久遠不可考的年代之前，男人[1]就會挖鼻孔。不過一直到西元前985年，感冒疫情爆發，挖鼻才昇華為藝術，這是有史以來頭一次，鼻涕處處可見，任藝術家和探險者盡興挖掘，大夥兒交換心得，開發新挖寶途徑，培養新技巧，也開啟了挖鼻的濫觴。

然而，追本溯源，若更進一步探究隱藏在時間面紗之後的證據，那麼挖鼻的歷史還可再向前延伸。我們所見最早的挖鼻圖畫資料顯示，早在西元前4075年，挖鼻就已經融入古埃及文化精髓之中。

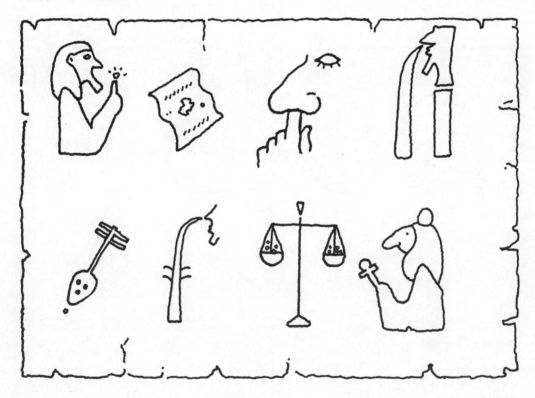

註1：（原註）女人不算。你曾見過承認自己挖鼻孔的女人嗎？

埃及皮史大王（Boy-King Pik'n-likun）墓上，飾有逾六千年歷史的象形文字，描繪這位年輕的法老王正在前往冥府的路上，他頭上戴了一小塊方形的棉布，也就是古代帝王的象徵，現代人把這塊棉布稱為「手帕」，雖然它已經不再具有古早以前的意義，但在英倫三島和西班牙布拉巴海岸（Costa Brava）註2，依然有人把它戴在頭上。

皮史大王富麗堂皇的棺木直到1921年才發現出土，開棺之後，可以看見皮史大王的木乃伊屍身出乎意料地保存完好，一如六十世紀前他安息時一樣。

註2：（編註）位於西班牙東北角，是熱門的海濱度假勝地。

科學家甚至可以肯定，這位法老王下葬當時，也和大多同齡男孩一樣，需要一方清潔的手帕（以碳原子推算皮史大王鼻內鼻垢的時間，他生活的時代約為西元前4100至3500年）。

古埃及人發展出來的挖鼻技術一代一代「手」耳相傳，散布到現代世界的各個角落。在大不列顛，這個習慣的記錄初次出現在羅馬「黏液將軍」（Mucas Maximus）的日誌中，他駐防在英格蘭北部要塞，時為西元198年。

◆碳原子推算時間的技巧

NECESSE MIHI FVIT REPREHENDERE
PROBOSCIDEM, MILITEM QVARTAE
DECIMAE COHORTIS, QVOD SECVNDA
VIGILIA NOCTIS SVB ARMIS NASVM
VELLISSET. 'DECET MILITEM ROMANVM'
INQVAM, 'IVSSIS IMPERATORIS PARERE
ET TOGA VTI.' SED REM NON REFERAM.
QVAMQVAM MATREM SVAM DESIDERAT,
PROBOSCIS ET VIR PRAECLARISSIMVS
ET LEGIONI HONORI EST.

(譯文) 我當然該斥責第十四軍團的步兵大鼻子，因為他在身穿軍服值班時竟斗膽挖鼻。我說：「羅馬士兵應遵從皇帝的命令，換穿寬袍。」我不會再把此事報告上級。大鼻子雖然想念母親，但依然是好男兒，是軍團的榮譽。

除了黏液將軍之外，羅馬皇帝還派了許多將官督導全軍，以免士兵挖鼻誤事，壞了防禦哈德良長城（Hadrian's Wall）註3的大計。一直到六百多年之後，羅馬人離開不列顛，挖鼻也終於能在英國歷史上大放異采。

註3：（編註）位於英格蘭的紐卡索（Newcastle）。羅馬人於西元123年興建，長約一百一十七公里，用以防衛北方蠻族入侵，是不列顛省西北邊疆的一道連綿不斷的屏障，現被列為世界文化遺產。

其實這也是1066年著名的哈斯丁戰役結果，熱愛挖鼻的哈洛德國王（King Harold，1066在位）在他所統治的威塞克斯和穆西亞大力鼓吹這個習慣，不幸的是，這卻是他戰敗的原因。大戰方酣，他正馳騁在戰場上指揮軍隊時，卻因鼻內有一大塊鼻垢而坐立難安，對手諾曼人的弓箭手趁虛而入，射個正著。此情此景被織入「拜約掛毯」（Bayeux Tapestry）註4的圖案之中。

正因為哈洛德分心，遭致慘敗，使諾曼地的威廉公爵贏得戰役，成為英王，改變了歷史。威廉國王僥倖贏得天下，乃下令禁止人民公開挖鼻，並且嚴格執行，凡違者皆處以極刑，一斧斃命，絕不寬貸。同時，為避免士兵在待戰的片刻禁不住誘惑，把手伸進鼻孔，因此發明了鎖子甲手套。而這條所謂的「挖鼻禁令」

註4：（譯註）繡有1066年諾曼征服英國的景象，英王哈洛德向諾曼地的威廉公爵宣誓效忠。

（Decree Nosi），對未來六百年有深遠的影響，是英倫三島挖鼻活動遠遠落後其他國家的主因。這條法規也讓這位諾曼人君主獲得「鼻王威廉」（William the Conk）[註5]的綽號，歷史學者公認，這是未來幾世紀法國軍隊戰無不克，無堅不摧的關鍵。當時的軍隊所採用的座右銘「Nemo me impune lacessit」（沒有人膽敢挖我的鼻子，還能安然離開）沿用至今，就是例證。

NEMO ME IMPUNE LACESSIT

註5：（編註）據正史載，英王威廉一世的綽號是「征服者威廉」（William the Conqueror，1066-1087在位）。

到約翰王時代（King John，1199-1216在位），「挖鼻禁令」引發的問題終於浮現。
因為公爵貴族早就認為，他們一心一意忠心耿耿支持王室南征北討，王室應該有所回
報，賜給他們挖鼻的自由，只是這兩百年間，雖然他們不斷地提出這樣的要求，但總
被接連幾位「深明大義」的國王拒絕，一直到約翰王繼位，情況丕變，因為他一方面
拒絕貴族挖鼻自由的懇請，另一方面自己卻是挖鼻狂，手指無法離開鼻孔，即使在公
開場合亦然，終於超過公侯伯爵的忍耐限度。

公爵貴族義憤填膺，於是展現英國史上罕見的團結和力量，合力強迫約翰王同意，准許他們隨心所欲任意挖鼻孔。1215年流鼻水大王終於簽下偉大的「大憲章」（Magna Carta），允許貴族伯爵以下的權利：

> Picke in perpetuitie ye noble nose, whether it be in ye market place or in fair ladye's chamber, in ye castle turret or in ye banquet hall; for he today that picks his nose with me shall be my brother; be he ne'er so vile, this day shall gentle his condition; and gentlemen in England now abed shall think themselves accursed they were not here and hold their manhoods cheap whiles any speak that picked his nose upon Faint Crispin's day.

> **(譯文)** 盡情挖摳掏掘，諸位尊貴的鼻孔，不論是在公眾市場，抑或在美女的香閨；在城堡的角樓，抑或是在宴會的廳堂；因為今天和我同進同出，在一起挖鼻的朋友，就是我的兄弟手足，情比石堅，永不背叛，執子之手，挖鼻偕老。

這是王公貴族的勝利，是他們自「鼻王威廉」以來，首次能夠把挖掘鼻孔的精神發揮得淋漓盡致[註6]。只可惜平民百姓投錯了胎，並未被列在協定之中，依舊面對以往的刑罰，而這些升斗小民也忍氣吞聲，如此這般又過了一百七十年。

註6：（編註）據正史載，約翰王在任內被迫簽署保障貴族及騎士的「大憲章」，其中最重要的六十一條規定，由二十五名貴族組成的委員會有權隨時召開會議，具有否決國王命令的權力；並且可以使用武力，接收國王的城堡和財產。

不過積習難改，當時英國的主力人口——鄉村農民——依然以挖鼻子為己任。幾百年來，他們非但學會了這個技巧，而且精益求精。尤其右手袖管的應用，更是如臻化境，不能輕易埋沒。「挖鼻禁令」只是讓他們不敢在光天化日之下進行，轉而趁著夜黑風高，或在蝸居斗室中，盡情享受挖鼻之樂。甚至到今天，這種不敢當眾挖鼻的恐懼，依然深植人心。

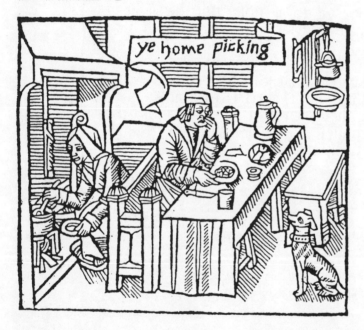

ye home picking

逐漸地，各地農民反抗「挖鼻禁令」的聲浪越來越大，只是他們的心聲依然未獲重視。1381年，嗅嗅賽門（Simon Snyff）和鼻鼻奈特（Nat Bogey）終於揭竿起義，率領五百名精挑細選的菁英，朝首都進發，爭取「挖摳掏掘」的自由[註7]。只是眾所周知，在激烈的徒手搏鬥之後，革命失敗，兩位身先士卒的壯士也殺身成仁，遭理查二世（Richard II，1377-1399在位）處決。

註7：（編註）據正史載，1381年，英國爆發了一場聲勢浩大的農民起義，在全國四十個郡中就有二十五個郡的農民和城市貧民紛紛響應。

又過了八十年，問題益發嚴重，終於導致了「鼻子戰爭」（Wars of the Noses）[註8]，一夕之間，鼻孔再度發展為政治問題，英國人是否有當眾挖鼻孔的權利，成了英格蘭內戰的原因。兩派人士壁壘分明，很容易分辨：反對挖鼻者戴上白鼻子，而贊成者則戴紅鼻子。

兩派人士各執己見，僵持二十年，最後在偉大政治家「挖鼻者渥威克」（Warwick the Nosepicker）[註9]的斡旋之下，終於達成協議。此後，平民也享有和貴族王公同等的挖鼻權利，但先決條件是：

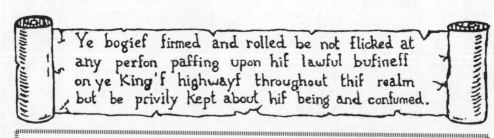

Ye bogief firmed and rolled be not flicked at any perfon paffing upon hif lawful bufineff on ye King'f highwayf throughout thif realm but be privily kept about hif being and confumed.

（譯文）挖出的寶藏經壓實揉製，不可投向王國內的任何人，而必須私下妥善處理。

註8：（編註）據正史載，英國在西元1455年爆發了長達三十年的內戰，被稱為「薔薇戰爭」（Wars of the Roses）。約克家一方佩戴著白薔薇徽飾，另一方蘭加斯特家則佩戴紅薔薇徽飾。這場戰爭使得英國封建制度瓦解，建立了君主立憲的都鐸王朝，並帶來經濟與文化的興盛。

註9：（編註）據正史載，此君應為渥威克伯爵（Earl of Warwick，1428-1471），係英國政治家，1461年曾擁立英王愛德華四世，綽號「Warwick the Kingmaker」。

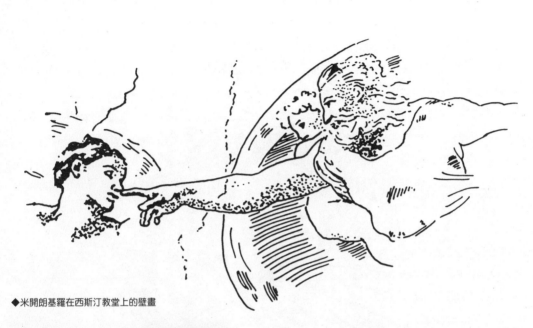

◆米開朗基羅在西斯汀教堂上的壁畫

◆達文西的蒙娜麗莎

「鼻子戰爭」終於廢除了英國怨聲載道的「挖鼻禁令」，無獨有偶的是，在此同時，歐洲各地的挖鼻運動也風起雲湧，如火如荼展開，米開朗基羅和達文西等大藝術家，在作品中都留下了紀錄。

伊麗莎白女王一世執政時，對挖鼻的態度已經變得比較開明，然而《公禱書》（The
Book of Common Prayer）註10依然指示，所有服膺基督教義的信徒，都該「讓手遠離挖、
掏、偷竊」。在西班牙艦隊逼近英格蘭沿岸，準備入侵之際，德雷克爵士（Sir Francis
Drake）註11竟然還能無懼性命之憂，發表感言：「還有許多輕輕鬆鬆挖鼻子的時間，可
以準備給西班牙人迎頭痛擊。」如果早幾十年，他膽敢發表如此的言論，恐怕命在旦
夕。

註10：（編註）1559年，伊麗莎白女王規定，英國國教會崇拜時要用統一儀式，就是使用《公禱書》。時至今日，英國國教
　　　會（即聖公會）在崇拜中皆使用《公禱書》。

註11：（編註）據正史載，德雷克爵士曾是著名的海盜，以劫掠西班牙船隻為生，受到英國皇室的寵信和資助。甚至曾遠征南
　　　美洲，登岸抄掠西班牙殖民城鎮。1577至1580年完成環球航行。1581年受封為爵士。1588年西班牙無敵艦隊攻英，德雷克
　　　受任英國海軍中將及艦隊副司令，打敗了西班牙。

◆風馳電掣，迎頭痛擊；掏挖揉捏，痛快淋漓。～～德雷克爵士的名言

作家文人的態度更膽大妄為，在處理這個主題時也備受鼓勵，尤其是莎士比亞：

> 在他的拇指和食指之間，他撮弄著一個鼻煙匣子，不時放在他的鼻端，一會兒又移走。

～亨利四世第一部
第一幕第三景，三十三至三十七行

這種寬容的態度在英國又持續了五十年，直到克倫威爾（Cromwell）和清教徒出現，英格蘭再度掀起內戰，主要的原因乃是如米爾頓優美的描寫，「為了追求那和諧的訪客，追尋更新鮮的歡樂」。為了避免士兵投入「那不神聖不愉快的分心之舉」，因此「新模範軍」（New Model Army）[註12]採用了特殊設計的頭盔。

在1645年決勝關鍵「諾斯鼻戰役」（Battle of Noseby）[註13]之後，當局對於箝制挖鼻有更嚴格的措施，克倫威爾指派惡名昭彰的「胡撥」爵士（Sir Roland Flick，和本文作者無任何親戚關係）擔任挖鼻大將軍，四處搜索違犯禁令者，被揭發、逮到的人將被處以極刑——鎖在枷上，雙手離鼻孔一、二吋，教他們心癢難搔，可望而不可及。

註12：（編註）據正史載，英國大內戰期間，克倫威爾組織了兩支軍隊，一支是「鐵軍」，一支就是「新模範軍」。他們軍紀嚴明，軍火充足，是打敗保皇黨的主力部隊。

註13：（編註）據正史載，這場戰役稱為「納斯比戰役」（Battle of Naseby），係英國清教徒打敗保皇黨的重要戰役。英王查理一世戰敗後投降、受審，最後走上斷頭台。

不過國王復辟後[註14]，人民也重獲自由挖鼻的權利，在英國的土地上，再沒有人敢質疑這個天賦的權利。

◆（招牌上文字）盡情挖掘，實至如歸

註14：（編註）此指1660年英王查理二世復辟登基。

至於世界其他地方，直到現在共產主義崩潰之後，鐵幕之後殘酷的嚴禁挖鼻細節才被揭露出來，隨著蘇聯解體，其他國家也才對蘇聯大鼻子威權統治下，挖摳掏摸如何盛行，有更進一步的了解。根據現有的資料，人民若膽敢違反當局禁令，當眾挖鼻，將面臨難以想像的刑罰。鼻涕斯基（Snotsky，被挖鼻斧劈擊而死，請參照諾曼地大公——鼻王威廉段落）註15的命運，和索忍尼辛的作品《第一層地獄》（*The First Circle*）註16，在在說明了人類寧冒酷刑和囚禁之苦，也不願放棄挖鼻之樂——即使零下的氣溫裡亦然。

註15：（編註）此君名字及右頁的畫像，肖似正史所載俄國之托洛斯基（Trotsky）。托洛斯基是列寧的親密戰友，曾創建紅軍。後因反對史達林而流亡國外，在墨西哥被蘇聯所收買之殺手用鶴嘴鋤擊斃。

註16：（譯註）本書描寫蘇俄所有集中營裡「最好的一層」，關在裡面的是科學家、文學家、工程師等高級知識分子。

◆鼻涕斯基像

我們不免期望，不久之後，中國大陸會師法蘇聯，放棄共產主義限制人民自由的嚴厲
措施。而其他地區的人也不能置身事外，高枕無憂，因為還有許多教化的工作正待我
們推行。先前世上這三分之一的人口無法毫無憂懼地挖摳，如今，想想看！逾十億人
口獲得解放、擺脫束縛，終於能夠釋出多年來的鬱積，縱情大挖特挖，並且和其他人
一樣，賞玩挖出的寶藏。額外再添二十億隻手，從事這偉大的志業！這必然會造成嚴
重的環保問題，比如該如何處理累積而成的寶藏山？或是該如何給如此龐大的挖掘人
口技術上的建議？不過其他國家有豐富的經驗、師資和設備。事在人為，「船到橋頭
自然直」這句中國古諺，大家都該牢記在心。

◆晚明的木雕畫，顯現了當時中國民間流行的鼻子運動。

美國對挖鼻進展的貢獻，同樣不可小覷。雖然這只不過是個年輕的國家，但它對挖鼻自由及其技術的進展，有舉足輕重的影響。舉世還有哪個國家有這麼多的挖鼻同好？新的、老的、棕的、黃的、紅的、白的——這些只是美國人每天掏出無數多種鼻垢中的一些樣品。

把挖鼻風氣帶到新大陸的，是哥倫布，但一直要到1620年，殖民先驅來到美洲之後，這個運動才發揚光大，達到盛況空前的地步。

◆1492年，哥倫布把挖鼻這個動作引進百慕達。

搭乘五月花號抵達美洲的自由先驅，天生反骨，他們唾棄英國限制挖鼻的法令，揚帆他去，鵬程萬里，來到陌生的國度，寧可追求不可知的未來，而不願一輩子頂著堵塞不通的鼻孔屈居大英帝國之中。這種自由自在挖鼻的習慣隨著先民遷徙，向西方傳播，才不過三代，整個新大陸就滿是挖鼻老手。英國政權聽說在其王權統轄範圍之中，竟有全是挖鼻老手的殖民地，驚駭莫名，於是派遣軍隊，準備活捉這些挖鼻叛徒。沒想到這些目中無人的美洲移民竟然列隊朝士兵拋擲鼻寶，在接下來的波士頓大屠殺中，抓到了五名挖鼻叛徒，送他們上西天。

三年後，發生了「波士頓茶會」（Boston Tea Party）事件[註17]，導致美國獨立戰爭。事情的緣起是波士頓名流受邀，登上停泊在波士頓港口的英國軍艦飲茶。

註17：（編註）作者在此描述的「波士頓茶會」，恰與正史所載、反抗英國徵收茶稅的「波士頓茶葉黨」同名。

沒想到這群波士頓士紳非但沒有乖乖坐著喝他們的大吉嶺紅茶吃餅乾,反而一本正經的挖起鼻子,還把挖出的寶貝吞下肚去。看在英國人眼裡,這實在太過分了,於是兩年後掀起大戰。美國軍隊由華盛頓將軍領軍,他最為人津津樂道的事蹟就是:「爸爸,我不能說謊,我挖了鼻子。」[註18]

因為他的緣故,美國憲法也明白准許「所有的人民,不論男女,都可隨心所欲,伸出小指頭,朝鼻孔大挖特挖,不受任何人的節制。」

註18:(編註)另有史料聲稱,華盛頓說的是「爸爸,是我砍倒了櫻桃樹」。

諷刺的是，美國憲法才擬定兩年，法國大革命卻又轟轟烈烈展開，對原本樂天知命、愛好和平的法國挖鼻者造成嚴重的打擊。這回導火線依舊是君主。原來法王路易十六是當代最偉大的挖鼻者，在所有挖鼻國家之中，法國人最精於此道，許多鑑賞家都認為，波旁皇族的鼻子最適合這個動作。

奇怪的是，在法國，認為該禁止挖鼻的卻是平民，他們大聲疾呼，要求國王不要再在大庭廣眾之下挖鼻子。可以想見，國王當然拒絕了。結果眾所周知，就是法國大革命。

◆挖鼻王公貴族上斷頭台

路易十六和上百名挖鼻同道全都被送上斷頭台，希望能一勞永逸，徹底斷絕這個習慣。然而就像英國和其他地方的挖鼻史所見證的一樣，這種嘗試實在是徒勞。歷史已經證明，光是砍頭，根本不可能阻止挖鼻。

而最最諷刺的是，由大革命滿目瘡痍廢墟中崛起的，卻是有史以來最惡名昭彰的挖鼻大師，那就是「鼻屎大王」拿破崙。

然而等到法國人民發現這個錯誤時，他的地位已經難以動搖。為免讓人民發現他的癖好，發動另一次大革命，因此大家懇求鼻屎大王千萬不要當眾挖鼻，然而這對以挖鼻留名青史的名家而言，根本是不可能的任務，因此大家只好把他的右手永遠縫在左胸的軍服下，以免它受不了誘惑。

這就是挖鼻長久以來的歷史，以及它發展成為藝術形式，隨後普及全世界的由來。在有各國君王作為靠山的情況下，這個最古老最怡人的消閒活動，雖然時而遭到社會大眾的反對，時而受到輕視侮蔑，不過最後，終於獲得舉世的認同接受。比釣魚流行，比足球有趣，其魅力就連英國女王最喜歡的連續劇《加冕街》（Coronation Street）或風靡全球的澳洲影集《鄰居》（Neighbours），都難望其項背。然而一直要到十九世紀末，勞工大眾才終於承認其他同事「滴、擤、舔」的權利。「產業工會權利法案」（1871年）堂堂正正記錄了多少世紀以來如此多志士拋頭顱灑熱血爭取來的特許狀：

BasiCally, brothers and sisters, we shall abide by the verdiCt given in open CounCil, to follow the deCision implemented at grassroots levelby a ~~khrough~~ ~~khrough~~ thorough mandate of all the rank and file to reCognise the ongoing right of every member to exCavate at will and at any time needful to his/her CirCumstanCe his/her nasal Cavity and in whatever manner he/she deems appropriate to effeCtuate, beCause , quite honestly, that is what it is all about basiCally about at the end of the day.

(TUc Charter, p.57,para.5,9a,C1.7)

(譯文)各位兄弟姊妹，我們將遵守公開會議所決定的裁示，尊重由基層所作的決定，那就是不分階級，無論貴賤，全都有擁有不論何時何地均能隨心所欲按自己喜愛的方式開挖鼻腔的權利。因為畢竟，這就是我們辛勤一天最後所追求的享受。
~產業工會權利法案第57頁第5段9a，c1.7

既然人類已經爭取到完全的挖鼻權利，我們也可以把布滿灰塵的陳舊歷史書拋諸腦後，談點手上的正經事──究竟什麼才是挖鼻子？

第二章

挖鼻指南:
Q&A

你可以挖自己的寶，

也可以挑選自己的朋友，

但就是不能挖朋友的寶……

下面的問答是筆者多年來擔任全球鼻友諮商顧問，和朋友與病人書信往返所得的
結晶，相信這些問答必能驅散各位讀者心頭的恐懼和疑惑，逍遙自在地把手指
放入鼻內為所欲為。《挖鼻者進行曲》（見第110頁）如今已經成為放諸四海皆準的
挖鼻歌曲，請花點心思學習，盡情歡唱。

接下來的指南，希望能讓嗜此道的老手挖掘出新材料，也讓初入門的新人找到許多值
得著迷的新寶藏。歡迎來到四海一家的挖鼻天地，請放鬆身心，好好享受。祝挖寶愉
快！

究竟什麼叫做挖鼻子？

簡單來說，挖鼻子就是由鼻腔取出鼻垢或鼻涕，用拇指和食指夾住，搓捻滾揉成一個小小的球形物，然後把它生吞、塗抹在什麼地方，或順手彈出去的技巧（見圖）。

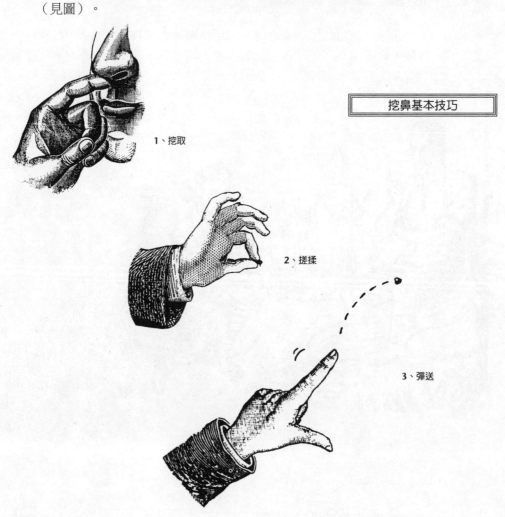

挖鼻基本技巧

1、挖取

2、搓揉

3、彈送

Q 鼻垢是什麼？鼻涕又是什麼？

鼻涕就是鼻腔黏分泌的黏液，含有許多白血球，因此造成黃綠的色澤（挖鼻新手或許對此會大感驚訝）。它還含有許多細菌——說得更精確一點，就是鏈球菌。根據最新的醫學發現，鼻涕中滿是鏈球菌。

Q—哎呀，我的媽喲喂。

你一定會這樣慘叫連連，不是嗎？好了，這就是鼻涕的定義。現在再談鼻垢（或者可稱硬質黏液），那就是卡在鼻子內側的硬化黏液，化為硬皮狀的陳舊組織。這不是任何人的錯，不必怪別人，如果你在鼻腔裡發現這玩意兒，絕不該有罪惡感。只要你興致一來，就可以挖取它（或它們，數量多寡端視你挖得多勤快而定）。

另外，你也可以秉持人定勝天的精神，自創鼻垢。這就稱之為「自彈自創」。

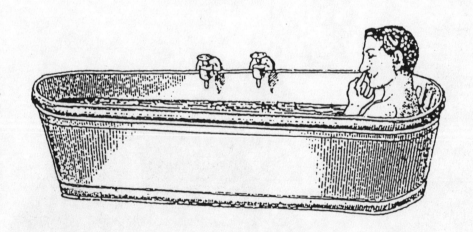

Q 我需要哪些裝備？

在開始挖鼻之前，你得先檢查自己是否有下列裝備：

    1. 大拇指一隻。

    2. 食指一隻（也有許多人偏愛中指，或者雙管齊下亦不妨）。

    3. 手帕一條（選擇性裝備），或衣袖亦可。

◆十九世紀，司空見慣的挖鼻配件。

會不會很難學習？

一點也不會。對大部分人而言，只要找到鼻子下面的兩個孔，其他的事易如反掌。只要等著鼻垢自然成形，然後把拇指（或和食指）伸入鼻內即可。

不過專家建議，這個習慣越早養成越好——二、三歲絕不嫌小。鼻子必須有彈性，手指頭也得靈活自如，才能出神入化，得到教人心滿意足的銷魂經驗。二、三十歲的年輕人看到小孩或長輩輕鬆自在的從事掏挖工事，往往大感挫折。

追本溯源，通常這都是因為這些年輕人幼時欠缺挖鼻訓練所致。因此萬一你覺得自己挖寶的表現不如預期，務必向父親、兄長或老師討教求助。

Q 挖鼻是否危險？

只有少數例外的情況如此。就像其他值得你花時間精力追求完美的休閒活動一樣，挖鼻的技術也是熟能生巧，不過一路走來，免不了偶爾會發生意外。

最常見的情況是，因為挖寶的勃勃雄心，造成鼻孔規模增大。鼻側紅、腫、痛全都是挖得太多、太快的症狀，此時你該暫時減緩手指的活動，直到症狀消失為止。唯有經驗，加上細心和常識，才能確保你終生享受挖鼻之樂。務必要注意這種欲速則不達的後果——你的手指說不定會成為危險的武器！

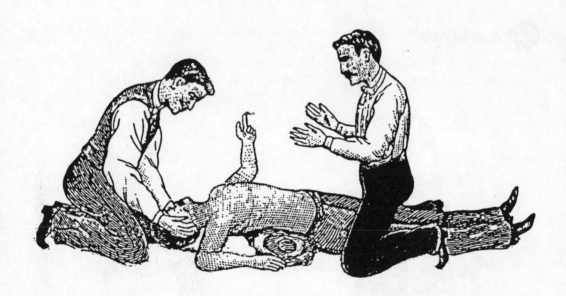

我們很少聽到因為挖鼻而造成致命的意外，唯一發生過的悲劇事件是：偉大的羅馬尼亞「挖鼻者妙卡死」（Wodska Mewcus）1973年在參加競逐西奧塞古金棕櫚獎（Ceausescu Palme d'Or）時，因為拇指和食指同時塞進鼻腔，結果被卡住進退不得，因而窒息死亡。但只要經過細心的訓練，挖鼻的危險性絕不高於其他運動。

在彈奏樂器或使用快乾膠時，千萬不要挖鼻子。萬一發生緊急事故，請盡速通知消防隊。

Q 會不會害我瞎眼？

許多青少年都問這個問題。答案是千真萬確的「不會」！你頂多只可能會鬥雞眼，不過不可能發生喪失視力的情況。挖鼻子偶爾會造成食慾不振，比如在兩餐之間大規模的搜掠鼻腔，並且把搜得寶物活剝生吞（鼻垢的營養價值相當於一般早餐時所吃的穀物脆片）。

◆早年的保健海報（鼻垢有益身體）

Q 我該由哪裡學得此項技能？

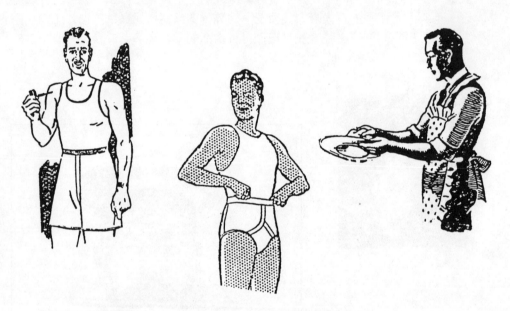

　　或許最好的辦法就是向父執輩學習。下面是幾點學習時的小訣竅：

　　1. 用心觀察，不過別讓你的對象發現你在觀察他。

　　2. 觀察的過程中不作任何評論。

　　3. 保持鎮靜。

　　4. 私下練習。

　　5. 記住：如果沒有馬上見效，也不必灰心喪志。一旦你能掌握此道重點，
　　　　就能終生擁有此絕技，就像你學會繫鞋帶或騎腳踏車一樣，永誌不忘。

萬一你父親正好不在，讓你缺乏師法的對象，不妨觀察坐在車內（塞車或是正在等紅綠燈）的駕駛人、警察、義交和計程車司機，必能讓你得到不少心得。一旦你掌握了基本訣竅，就可在課堂上或遊戲場練習技藝，培養這個習慣。搓揉和彈撥的技巧很容易實驗，而且進步神速。隨後，不論是在貯藏室、大學或辦公室，你都可以在速度和精準上有極大的斬獲。

最重要的原則就是「挑對你的時機」。

Q **可以問媽媽怎麼挖鼻子嗎？**

除非你想挨耳光，否則最好不要。

Q **爲什麼？**

因為令堂一定和大部分的女性一樣，絕不會承認她這輩子曾經挖過鼻子。

Q **什麼？從來沒有？**

從來沒有。

Q **需要多久才能躋身專家之林？**

只消幾天工夫。你很快就會知道自己在這方面的才能是否舉世無雙──說不定可以代表國家出國──或者，你就像大部分的人一樣，會慢慢地，不知不覺地成為挖鼻子的忠實信徒，一年四季從不間斷。

Q 什麼時候是挖鼻最佳時機？

其實任何時刻均可，但尤以當其他人的面為佳。根據你的年齡和經驗，最佳的場所是在課堂上、午餐或喝茶時，或者在公車、火車或地鐵上，甚至一邊看電視一邊挖也不錯。在正式的晚餐、招待會、舞會上挖鼻，是時髦的風尚。

Q 該如何製作好鼻垢？

這是發人深省的好問題，請見第三章。

Q 怎麼才能知道有「寶」可挖？

憑經驗。鼻腔阻塞未必就意味著有東西要挖。比如若你感冒傷風，鼻涕過多，鼻子就會塞住，這時去挖寶，徒然浪費時間，只會弄得一團糟。

有時你可能會覺得兩個鼻孔都有寶待掘，尤其是吸過菸，或是待在菸霧繚繞的房裡一段時間之後。這時鼻寶常常會因呼吸而隨鼻道震動，這就意味著你不但該挖寶，而且情況緊急，不挖不行了。

萬一發生這種情況，千萬不要遲疑。因為大寶不挖，它就可能毅然決然地自行分裂，不是掛在你的上唇，就是落在地板上。

Q 常有人叫我：「擦擦你的鼻子」，該怎麼避免？

不用擔心，即使身經百戰的挖鼻老手，也常會聽到這樣的要求。通常在你剛淋完浴，或是剛游完泳時，老婆、老媽或朋友就會指著你的鼻子說：「你鼻子上有東西掛著。」此時你可要處變不驚，拿出拇指和食指，拉住鼻子底部（蓋住兩個鼻孔），以飛快的動作用腕力向下急拉，再把那玩意兒彈捧到地板上，給他們一個教訓。

挖寶的樂趣，有一半就在於尋寶。誰需要那批人多事為你指出寶藏何在？

此外，最棒的鼻寶有時候可在淋浴之後出現。你該養成浴後巡檢寶藏的習慣，作鼻腔的檢查，輕鬆享受你發現的結果。

順便談談擦抹的技術。最老於世故的方法就是先挖寶之後，用同一隻手，不經意地用手指探梳頭髮。此法非常盛行。反正你等一下就可以把它沖掉了。

Q 挖鼻子會上癮嗎？

會。一旦開始挖鼻，就沒有任何醫學方法可以除掉這個習慣。如果你需要諮商，可以向「匿名挖寶協會」求助，該會熱線一天二十四小時開放（各地分支局處請查閱電話簿）。

Q 有沒有容許挖鼻的組織可讓我參加？

在下列機構中，不但容許，而且積極鼓勵挖鼻子：

　　　1. 卡爾登俱樂部
　　　2. 詩人會社
　　　3. 大英博物館的閱覽室
　　　4. 眾議院
　　　5. 證券交易所

Q 手指頭可以伸入鼻內多深？

一般說來，如果手指伸到你想不起
自己姓名的地方，就是太深了。

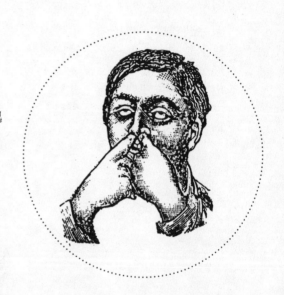

Q 游泳時，鼻垢會有什麼變化？

這個問題多年來一直讓研究人員及科學家大惑不解。不論你在游泳池或海裡游
泳，鼻子裡的黏液一定會大幅增加。在海裡，這些黏液的去向難以追蹤，因為
鹽水會吸收我們呼吹進去的一切；但在大眾游泳池中可不同，卡洛伊德（
Colloid）和格洛姆（Grume）[註]兩位先生針對氯與鼻垢的關係，作了傑出的研究
（請見1984年印地安那大學出版的《唾液與泡沫》〔*Spit and Spume*〕一書），
證明只要是由泳客鼻子釋出的物體，會在水中漂浮達兩週，除非把池水放光。
因此每一位泳客有意無意流出的鼻黏液，雖然肉眼看不見，但卻混在泳池中，
是池水裡不可或缺的一部分。

註1：（譯註）Colloid與Grume，字面意思為「膠質」與「黏液」。

我該使用哪隻手指頭？

這是另一個讓遺傳學家和行為學者苦思多年仍無答案的問題，歸根結柢又繞回先天還是教養的爭論。許多人把人歸為四類：用食指挖寶的人（通常敏銳果斷、實事求是）、偏好小指掏寶者（大概很難避免裝腔作勢、假充上流之譏）、採用大拇指（通常是粗暴無文的類型，常常不顧別人的感受），以及直覺讓兩指進攻鼻孔的人（貪得無饜、長袖善舞、野心勃勃、外向活潑）。

▲…食指派

▲…大拇指派

▲…小指派

▲…兩指並用派

Q 如果我在床上「挖寶」，可不可以把「寶」擦在床單上？

當然可以。但大部分的人還是搓揉一番然後往衣櫥彈送，想聽到它發出「乒」的一聲。不妨在暗處試試這項盲目射擊的絕技，有趣得很——而且你可以磨練出神入化的彈功。

Q 鬍鬚是助力抑或阻礙？

這方面和個人喜好有關，有些人喜歡鬍毛上掛幾塊寶四處晃盪，等到二三顆集成一大球，才把它擦掉或吃掉。這種聚少成多的作法，可以創造超大法寶，藉以向朋友誇示，或是玩弄一段很長的時間，讓人很有成就感。不過另一方面，你也可能會認為軟趴趴的鼻垢在鬍子上碎裂，會造成很多問題，不切實際。（有些人不得不刮掉滿嘴的鬍鬚，因為鼻垢變得黏糊糊的，撥不下來。）這是自然的道理，要把手指豎立在毛茸茸的鼻孔上，當然不如把手指放在光滑平順的皮膚上容易。不過俗語說：「海畔有逐臭之夫」，不是嗎？

Q──若我用手帕擤鼻子，完事之後該不該檢視戰果？

這同樣是個人品味的問題。以我個人而言，我喜歡檢視自己的結晶──白花花和各種層次的綠色成果，小小的泡泡，偶爾帶幾抹黃──形形色色，耐人尋味，如果就這樣把它包起來視而不見，豈非浪費。不然為什麼要用手帕？

Q──如果有人因我挖寶而趕我走，那麼我該給什麼樣的藉口？

鼓起勇氣吧，我的英雄！如果你被「逮到」，就該逆轉局勢，用下面幾句話來作答：

「各位，請看看這顏色 尺寸 形狀！」

「安靜，不然其他人也想參一腳。」

「難道你沒有受過鼻子癢得要命卻無計可施的折磨嗎？」

「你自願來作義工，真是太好了。我已經筋疲力竭了。」

Q 我是左撇子。這會不會影響我挖寶的能力？

你挖掘的能力本身雖然不受影響，但在邊開車邊挖寶時，卻該提高警覺。在如英國等靠左行走的國家，務必注意你的左手不要壓在排檔上，若是在美國等靠右行走的國家，則要注意相反的情況。

Q 可不可以提供一些照顧指甲的祕方？

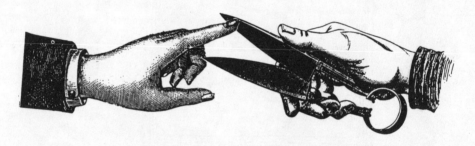

要成功挖寶，祕訣就在於把指甲修剪整齊，然而即使是經驗豐富的老手，依然會忽略這一點。指甲太長，很可能會刮傷鼻道內部，造成不適。在挖掘特別頑強鼻垢的極端情況下，指甲甚至可能因一時大意而彎折，造成極度的疼痛。（見第四章，建議指甲長度。）

不過最糟的情況是，指甲被剪或咬得太短，如此一來，挖寶最重要的工具就只有平滑圓潤的邊緣，手指頭無法一展長才，只能望寶興嘆。誰沒有過這樣的經驗？花了無數的時光，拚命想用食指「不沾」的尖端觸碰那可望而不可及的寶貝，結果卻是白費工夫，只留下拉長的鼻子。至少我就嘗過這樣的滋味！不過說正經的——在剪、銼指甲時，務必要專心注意。剪指甲的目的不是為舒適，而是為了提供最好最有效率的工具，以便從事你最喜愛的休閒活動。在你的鏡子上寫下這句話提醒自己：「修剪指甲切勿過度！」

相信這會有所幫助。

Q 我可以挖別人的寶嗎？

非經准許，千萬別越俎代庖。記得下面的準則：
「你可以挖自己的寶，
也可以挑選自己的朋友，
但就是不能挖朋友的寶。」

Q 如何去除衣服上的污漬？

棉、麻和麂皮上的鼻垢極難去除。如果鼻垢沾上麂皮，那麼必定會留下永久的
污漬，雖然有些挖鼻達人喜歡以這樣的方式宣揚他們的嗜好，不過較老於世故
的同道絕不會這樣做。看在挖鼻老手眼中，布料上的污漬宣示了自己只是業餘
玩票者。若非得用衣袖不可，一定要先考量乾洗的帳單。有些乾洗店只消打量
一眼布滿鼻垢的外套或襯衫，就會拒收。這方面的清洗專家極其稀少罕見，而
且價格可能非常高昂。

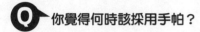 你覺得何時該採用手帕？

手帕是非常手段。

因為首先，不用手帕，徒手挖寶，較有樂趣。直接的接觸教人更有成就感。

第二，把手帕包在手指上只會增加手指的周長，使挖寶行動益形困難。已經夠窄夠緊的地方，為什麼還需要更窄更緊？

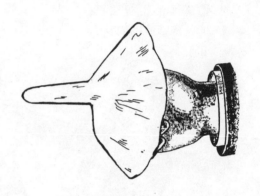

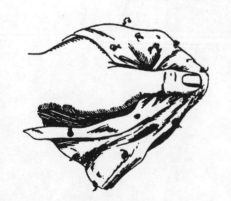

第三，鼻垢未必會黏在棉或人造纖維上，但卻一定會黏在你手上。即使最頑強的鼻垢，面對手指指尖，都難以抵擋，只能俯首稱臣。

最後，一旦用手帕挖過寶或擤過鼻子，它就不可能像以往那麼乾淨。帶著戰利品的手帕必然會被包在你溫暖的口袋一段時間，最後才送去洗。

這段儲藏時間可能達數周或數月，經過這麼長久，鼻垢黏在手帕上的黏性，將可媲美最強力的黏膠。如果你堅持非要用手帕不可，那麼可採取下列的步驟清洗：

　　a）把髒手帕放在苛性鈉中煮沸，並浸泡一夜。

　　b）用美工刀刮除手帕上的鼻垢殘渣。

　　c）重複（a）。

　　d）用漂白液浸泡兩天。

　　e）如平常一樣清洗，重複（a）至（e）的步驟。

避免讓鼻垢沾上非天然的纖維（睡衣和襯衫前襟特別容易受到污染）。

記住：講求安全的挖寶者才是快樂的挖寶者！

◆浸泡一夜常能讓鼻垢浮上水面。

第三章

挖鼻
必殺技

PS：

登峰造極時可別忘了捎封信來……

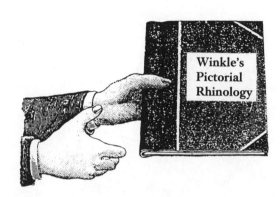

◆《溫氏圖解鼻科學》

在1897年出版的《溫氏圖解鼻科學》（Winkle's Pictorial Rhinology）依舊是標準範本，此書早已絕版，此處複製重印的插圖乃是挖鼻大師溫科本人親自取用原本銅版（感謝倫敦維多利亞阿伯特博物館）製成。本書只採用其中一小部分的插圖，說明上世紀在挖鼻技巧上的進境，其中尤以「盲鼠鑽洞」和「上上下下」最受矚目。我們希望納入這部分內容，非但能造福鼻科學者和挖鼻同道，也能讓社會學者及社工人員能有所收穫。我們相信本書這些圖片是迄今出版最完整的挖鼻技巧大全。

不過要配合這些圖片取得最佳效果，必須先作一些說明。

溫科的圖所繪的是挖鼻「理想狀態」，也就是說，挖鼻者必須有相當的經驗，心情輕鬆，而且當時的室溫暖和而不乾燥。溫科在他的序文中還說明了其他該注意的事項，這是歷經時間考驗、屢試不爽的真理：

> **時機是最重要的因素——出奇不意的突襲，可能會造成嚴重的後果。**
> **耐心能創造完美。**
> **堅持＝彈性＝專業技巧＝堅持。**

▲…盲鼠鑽洞式

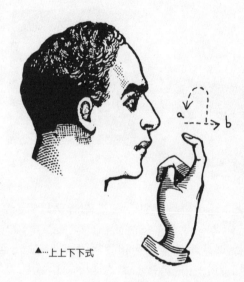

▲…上上下下式

▲…維多利亞交叉式

▲…布里斯托轉向式

▲…代換式

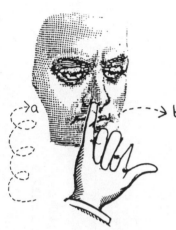

▲…開放反向標準彈道式

▲…水手拋錨式

▲…旋轉猛拉式

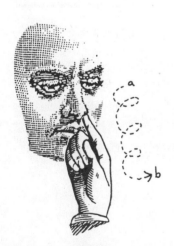

▲…玉黍螺式

▲…科西嘉推動式

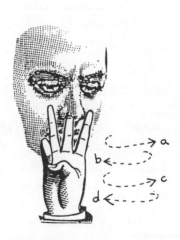

▲…謎轉式

挖鼻技巧（©1973）

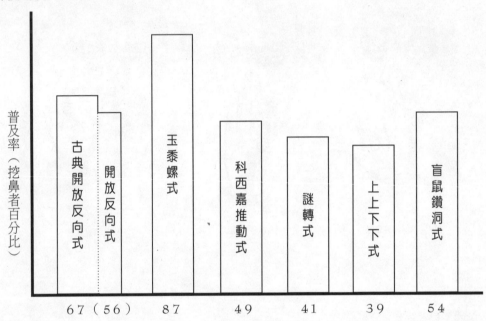

普及率（挖鼻者百分比）

古典開放反向式　　開放反向式　　玉黍螺式　　科西嘉推動式　　謎轉式　　上上下下式　　盲鼠鑽洞式

67（56）　　87　　49　　41　　39　　54

最新的挖鼻調查顯示，67%的挖鼻同道偏愛順手來個古典開放反向式動作，其中有大部分（56%）採取同一方向持續前進（開放反向標準彈道式），不過長期（比如二、三個小時）淤塞時，不建議持續採用此法，在這種情況下，87%的受訪者採用玉黍螺式挖掘法。科西嘉推動式、謎轉式、上上下下式和盲鼠鑽洞式，也都各獲熱中此道者的青睞（普及率分別是49%、41%、39%、54%）。

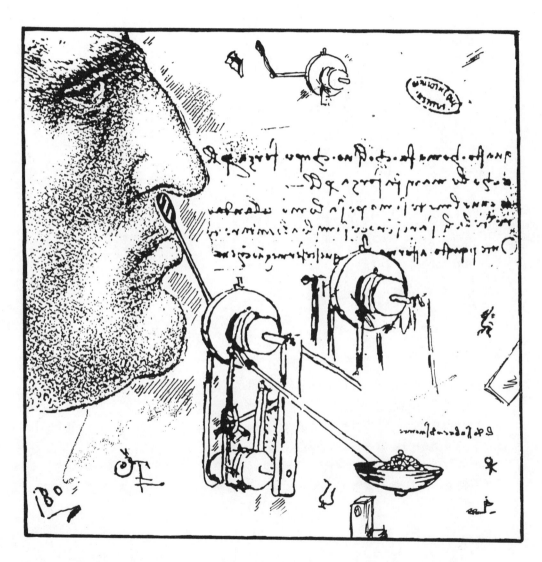

溫氏的挖鼻研究包羅萬象，也納入了名聞遐邇的達文西自動挖鼻器，這是自1897年之後，複製圖首度曝光（感謝日本尼帕哈馬株式會社）。

彈功

挖鼻技巧最重要的一部分，也是當今最受歡迎的一點，就是彈功。趣味十足，不論是獨自一人享受或有同好共賞，都能讓人興味盎然。但要注意！還是有人不喜歡被「寶」彈中的滋味！若你的目標人物看來不像同好（或者體型比你高大），那麼你只能微笑以對，讓他們眼看著你把寶貝吞下肚去。如此這般，他們就會轉頭他顧，讓你能迅速重振旗鼓，再創下一個寶物，趁他們不備，彈到他們的頭髮，或黏在他們衣服上。安全無害，而且令人噴飯。

第四章

挖鼻
答客問：
解惑篇

胡彈皇家修毛器：

任何惱人的毛髮——

不論在鼻子、耳朵、眉毛，或其他地方，都可適用……

為了解決諸多挖鼻同道的疑難雜症，我們由胡彈教授所收到的諸多來信中，精選了最常出現的問題，解答如下。

Q：**雖然我已經嘗試多年（我現年十六歲），但依然挖不出寶。這是否不正常？該怎麼辦？**（M. Saint-Germain寄自巴黎）

A：第一個問題的答案是肯定的。你能確定自己的手指頭伸入正確的孔道嗎？如果不能，請參閱第三章，印證我們談的究竟是哪個孔道。如果你挖的坑道正確，卻毫無所獲，那麼我們建議你搭火車的吸菸車廂，如果這樣還沒效，就只能宣告無解了。

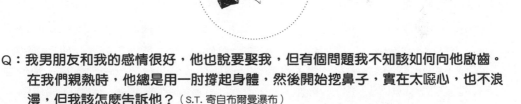

Q：**我男朋友和我的感情很好，他也說要娶我，但有個問題我不知該如何向他啟齒。在我們親熱時，他總是用一肘撐起身體，然後開始挖鼻子，實在太噁心，也不浪漫，但我該怎麼告訴他？**（S.T. 寄自布爾曼瀑布）

A：何妨嘗試和他一起挖寶？兩手都不要接觸男友，只要躺好姿勢就可掏挖。妳很快就會像他一樣發現，挖鼻子比魚水之歡更教人心滿意足。

Q：我有咬指甲的習慣，對於等在我鼻腔內的寶貝而言，這是最糟的一件事。請給我建議。（N. Jaeger寄自慕尼黑）

A：不論是誰，只要咬指甲，挖鼻子就一定會有問題。我們建議，若要講求挖鼻的效率和樂趣，就至少要在指尖留三毫米的指甲（讀者或許樂於知道，國際挖鼻競賽規則中，規定至少要留六毫米的指甲）。好的藥師通常都提供假指甲出售，效用非凡，不過有可能在掏挖過程中斷裂，因此務須小心。不然，你也可以請朋友幫你挖鼻子。

Q：我女友公開挖寶，甚至在街頭巷尾或我們在作菜時亦然。我已經告訴她，這很噁心，而且失禮，但她並不理會。我該如何阻止她？（J.M.B. Frics寄自蘇格蘭史崔克萊）

A：你該趕上時代潮流。大部分的美國人（相信大多數的蘇格蘭人也一樣）都已經拋開成見，敞開胸懷。他們期待，甚至鼓勵女性朋友加入挖寶行列。就像不剃腋毛或腿毛的女人一樣，當眾挖寶的女性可能會吸引許多男性。過去幾年來，膚色蒼白雙腿瘀青，卻敢於不穿絲襪緊身褲，還踩著白色高跟鞋招搖的女性獨領風騷。她們已經向其他女性證明了：女人也可像其他人一樣當眾挖寶。祝好運。

Q：我該如何加入國際挖寶競賽協會？（P. Brown寄自香港）

A：請寫信至「Eastgate & German, 2431 Stafford Boulevard, Milwaukee」洽詢。繳納十美元終生會費，你就可以收到每月報告、全球挖寶活動通知、通信交友欄，並免費參加各項地方性的挖寶活動，以及定期更新的聯絡名單，這只是諸多福利的其中幾項而已。

Q：我先生和我結婚三十年來，從未挖過鼻子，婚姻幸福。然而六月間，他卻拋棄我愛上只有他一半歲數的挖鼻女子。我的世界一夕之間崩潰了，迄今我還不敢相信這是事實。請告訴我該如何贏回他的心？（Mrs. N.G. Randall寄自雪梨）

A：很遺憾聽到妳的問題。但我相信妳一定會明白我的建議──正是我給所有相同處境者的建議。不要遲疑，趕緊加入挖寶行列！唯有如此，妳才有機會贏回妳的另一半。

Q：我的食指（您建議這是最理想的挖寶工具）太粗，塞不進鼻孔。該用什麼取代？（B.H. Challonar寄自波納瓦）

A：用小指。你終會發現，只要時常使用，堅持到底，你的鼻孔必能增大，容納你的食指。希望如此。

Q：我的鼻毛過盛。有沒有什麼可以解決的辦法？（I.R. Prigione, Pensione Leyborno寄自羅馬）

A：二十一世紀的現代人絕無必要受鼻毛過盛之苦。我們有解決這個問題的科技，簡單好用、價格低廉──你甚至可以在家自行操作。究竟是什麼法寶？胡彈皇家修毛器：任何惱人的毛髮──不論在鼻子、耳朵、眉毛，或其他地方，都可適用。這是由衛生合成樹脂材質製作，清洗方便，附詳細使用手冊，毋需電池。優待本書讀者，特價十二美元（或等值貨幣），郵資、處理費均包括在內。（這種必備理容工具平時的售價為二十五美元！）只要把支票寄到「R.F. Enterprises（Trimmer）, Fabian Way, Oakley, CA60095」收即可。不滿意，二十八日內包退包換。

◆胡彈皇家修毛器

..第五章..

挖鼻趣味
檔案

比比看你的鼻，

屬於哪一型？

像哪位名流？

你是哪一型？

你的鼻子是下列哪一型？找找看。

羅馬型

哈布斯堡型

波本型

朝天型

鷹喙型

獅子狗型

希臘型

礦工型

協和機型

鷹鉤型

拳王型

汽球型

古往今來的名鼻

⋯⋯⋯⋯⋯這些鼻子屬於哪位名流？連連看。它們究竟是天生的，還是後天塑造的？⋯⋯⋯⋯

芭芭拉史翠珊

威靈頓公爵

腓特烈大帝

思特薇爾 註1

凱撒大帝

巴瑞曼尼洛 註2

鮑伯霍勃

傑米杜蘭特 註3

卡拉絲 註4

拿破崙

胡彈

費瑟親王

註1：（編註）Edith Sitwell，英國女詩人。
註2：（編註）Barry Manilow，流行音樂歌手。
註3：（編註）Jimmy Durante，名歌星，曾演唱《北非諜影》主題曲。
註4：（編註）Maria Callas（1923-1977），著名歌劇女高音。

挖鼻排行榜

最常挖鼻的行業：

1、計程車司機
2、業務員
3、公車駕駛
4、足球員
5、海關關員
6、義交
7、大學生
8、接線生
9、社會學者
10、皇室狗仔隊（《太陽報》、《鏡報》和《星報》）

最少挖鼻的行業：

1、鋼琴家
2、牙醫
3、美髮師
4、打字員
5、屠夫
6、垃圾工人
7、電視新聞主播
8、主教（在公共場合）
9、皇室成員（在公共場合）
10、外科醫師

第六章

星相達人
觀鼻術

只須瞥一眼某人，

就可了解那人的道德、智慧，甚至信仰……

多少世紀以來，先知和鼻命術士都使出渾身解數，用星座、水晶球、茶葉和塔羅牌來占卜未來。然而一直要到十六世紀，神祕的鼻子星相達人「鼻孔達姆」（Nostrildamus，1503-1566）[註1]才現身，一邊悠哉游哉地捻鼻毛挖寶，一邊觀看天文星象圖，預見了希特勒的興起，美國甘迺迪家族兩兄弟被暗殺，和其他驚天動地的大事件。

《洛杉磯百眼巨人報》（Los Angeles Argus）知名的占星家塔羅斯，自鼻孔達姆的著作取材，並特別為本書改寫更新，以符合時代需要，摘要如下。這份摘要能讓你一眼看出坐在你對面的挖寶同好屬於哪個星座，是否適合你？你倆能否速配？若他忘記攜帶手帕，你的未來可能就掌握在他的手上。

嗨，各位觀鼻同道！

　　請注意各星座的特色，你就會發現下文是約會和婚配的珍貴指南。你倆在各方面是否能互補，是否有共同的興趣，是良好關係的基礎，除此之外，再加上挖寶的共同嗜好──選出最適合你倆的挖寶方式，必能讓你的未來獲得幸福快樂。
　　祝各位愉快，長命百歲。

誠摯的
塔羅斯

註1：（編註）此君應即為正史上所記載之法國神祕預言家諾斯特拉達姆（Nostradamus）。

◎鼻子星相達人「鼻孔達姆」

牡羊座
3/21~4/20

牡羊座的主宰行星是火星,而火星是戰爭之神,難怪這個星座的挖寶者最明顯的特徵就是積極進取,總是死命地把食指伸入鼻孔中,除惡務盡。他不在乎挖寶的時、地,也不在乎別人的眼光——只是不顧一切地努力挖掘。辨識訣竅:牡羊座的人通常有疼痛的紅鼻子。

知名代表人物:俾斯麥與希特勒。

金牛座
4/21~5/21

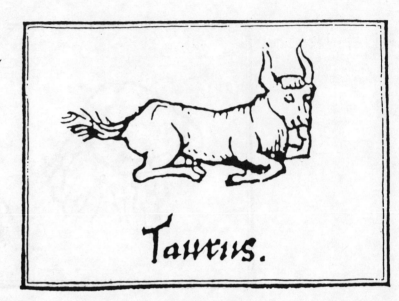

金牛座的人在外觀上有最適合挖鼻的形貌。通常他都矮而壯，手指或許會太粗，但相對的他的鼻孔也很寬，因此挖鼻難不倒他。另外他的性情也很適合——耐性十足，實事求是，願意花時間和精力盡心盡力，精挑細選。看前面那修剪的整齊漂亮的手指頭，是否屬於金牛座的挖鼻同好？何不上前細問？走過去開口！

史上挖鼻名家馬克思就正是金牛座。

雙子座
5/22~6/21

雙子座的主宰行星是水星，他們的反應靈敏，擅長隨機應變，絕不會放棄從事祕密工事的機會。不論是在福利社排隊用餐，或是排隊買電影票，甚至試穿新鞋，只要有寶，他們必挖，迅雷不及掩耳。雙子座的人往往有兩面的生活，如果他被人發現行動鬼祟，往往會技巧地遮掩，或是飛快地找個藉口，比如：「老天爺，我鼻子好癢。」

英國維多利亞女王和喬治五世都是雙子座。

巨蟹座
6/22~7/22

你大老遠就可以看到巨蟹座的同道正在挖寶。他們總是拖延，等到開始動手時，寶貝已經結塊硬化了。結果呢？巨蟹的大螯就長久卡在鼻子裡——他躲到角落，或是用手帕蒙著臉，一方面大挖特挖，一方面又希望沒有人注意，結果是益發引人矚目。巨蟹的主宰星球是月亮，和水與海洋有密切關係，因此你會發現許多潛水人、水手、漁夫和燈塔管理員都是以這樣的方式挖寶。

兩位知名的巨蟹名流是凱撒大帝和溫莎公爵。

獅子座
7/23~8/23

還有哪個星座比獅子座更能盡興享受挖寶之樂？恐怕沒有。他是這群同道的靈魂人物，堂而皇之地一手把蝦片塞進血盆大口，另一手則塞進他的寶貝，興致勃勃，毫無心機，教人不由自主產生戀慕之心。外向活潑的獅子座常以他的寶貝發揮創意──像橡皮筋一樣把它們拉出來、捏揉成小球、在空中玩拋接遊戲，或是等它們墜落時大腳一踢。如果你是新手，不妨和他們共處學習。許多演藝界和政治人物都是獅子座。

墨索里尼就是誤入歧途的獅子座。

處女座
8/24~9/23

談到挖寶精準、效率，凡事吹毛求疵的處女座讓其他星座的人都相形見絀。處女座的人鼻內的寶貝留不了多久：這個星座的人以乾淨整齊聞名，只要寶貝一成形，他馬上就動手清除！不過他並不匆忙，而是從容行事，務求盡善盡美——不要太硬，也不太軟。對處女座，這方面要求完美，就意味著手指頭得永遠留在鼻子裡，隨時準備搜尋那一塊寶貝。由於處女座生性挑剔，在拋棄寶貝之前，必先仔細審視，唯有魔羯、金牛，和其他處女座能與之匹敵。

文豪托爾斯泰、影星彼德謝勒（Peter Sellers）[註2]和美國詹森總統都是處女座。

註2：（編註）英國著名演員，出生於1925年9月8日。

天秤座
9/24~10/23

我們不得不承認，天秤座並不是理想的挖寶人士，因為他討厭衝突，也不喜歡惹惱旁人。如果他感到有不對勁，但卻覺得不是理想的處理時機，那麼他寧可忍受，也不願冒騷擾他人之險。這個星座的人也以懶惰出名，因此若你對面站的那個人帶寶現身，那麼他八九不離十是天秤座——他就是懶得去處理。天秤座討厭手工作業，但卻是很好的雕刻家和室內設計師，因此他們在挖寶的成就方面，尚餘一線希望。如果你性好挖寶，那麼或許不該和天秤座的人交往。你們倆的共同點太少了。

納爾遜（Horatio Nelson）[註3]就是天秤座。教宗保祿六世亦然。

註3：（編註）英國海軍名將，出生於1758年9月29日。

96

天蠍座
10/24~11/22

許多作家都說，天蠍座有「切入、滲透、探索」的專長。其實這正是挖寶者的特質，他們不但喜歡不斷地挖掘，也對追究蛛絲馬跡、抽絲剝繭十分著迷。他們還有耐心和毅力，因此上班時間手指頭都牢牢黏住鼻孔，教人心嚮往之。他們為了追索最小的微粒所投注的精力和心神，實在教人嘆為觀止。天蠍座傳統的出路都是外科醫師和士兵，也適合作探險家和領導人。挖寶人需要的，不就是這些條件嗎？

馬丁路德和戴高樂將軍都是天蠍座，這點由他們的肖像就可以印證。

射手座
11/23~12/21

就頻率而言,你很可能時時看到射手座在挖寶。射手座受不了束縛,因此你會看到到處行走的射手座挖寶人,比如業務代表、巡迴銷售員、計程車司機、卡車駕駛、公車司機、飛機駕駛和空服員。他們愛吵鬧的天性可能偶爾教同伴受不了,就是他們,不但一路挖到底,而且還把挖到的寶彈到別人身上,擦到別人的衣服和頭髮上,還縱聲大笑。因此若你想和他們為伴,務必要三思而後行。

你可知道邱吉爾、貝多芬和華特迪士尼都是射手座?

魔羯座
12/22~1/20

有哪個星座的人不喜歡挖寶？答案是魔羯座。雖然他們挖到寶和其他人一樣多，也知道挖寶的必要性，但他們對這工作就是沒興趣。他們的挖寶動作機械化、心不甘情不願、勉為其難地去做，結果雖然也和其他人一樣有成就，但這一點也不能吸引他們。不知為什麼他們就是不能領略其中樂趣，好好享受。

十九世紀的英國首相葛萊斯頓（William Gladstone）[註4]和聖女貞德都是這個星座的名人。

註4：（編註）曾做過四任英國首相，出生於1809年12月29日。

水瓶座
1/21~2/19

水瓶座把挖寶當成神聖的使命。對於熱愛實驗、發掘新事物的好奇心靈而言,這並不足為奇,因此許多無遠弗屆的挖寶方法都是由水瓶座發明改良,達到盡善盡美的效果,也就理所當然(比如第三章提及的謎轉式、盲鼠鑽洞式等)。由於他們有這樣鑽研科學的天性,對生命又抱持認真嚴肅的態度,因此你在公車上若與水瓶座比鄰而坐,很可能就看到他們把挖得的寶貝貼到眼睛前頭,鍥而不捨,仔細研究。或許你會嘲笑他的方法笨拙,比如用左手的第四指來挖掘右鼻孔的上端,但若你自己也試試看,必會向水瓶座挖寶天才脫帽致敬。他們在這方面的才華有目共睹。

狄更斯和普魯士的腓特烈大帝都是水瓶座。後者的鼻子實在太搶眼了,曾有一位名喚拉維特(Johann Kaspar Lavater)[註5]的作家宣稱「以名譽打賭,即使矇著眼睛,只要用手拇指和食指捏,也可以由一萬個鼻子裡認出他來。」

註5:(編註)**1741-1801**,瑞士作家、神學家,也是觀相術創立者。他曾宣稱,只須瞥一眼某人,就可了解那人的道德、智慧,甚至信仰。

雙魚座
2/20~3/20

雙魚座挖鼻者和處女座的軍事效率或獅子座的興致勃勃相比，實在有天壤之別。雙魚座總處在白日夢的恍惚狀態，對自己和周遭環境都漫不經心，往往拖著鼻涕，卻忘記帶手帕，用自己或其他人的袖子解決。他對自己的寶貝渾然不覺，常得靠別人提醒。如果有人指教，他常會有傑出表現，只是大家總免不了希望這隻睡獅能夠醒來，不要依賴別人，而能顯現自己的勃勃雄心。

愛因斯坦，想當然耳，就是雙魚座。水牛比爾（Buffalo Bill）註6亦然。

註6：（編註）本名威廉寇帝（William Frederick Cody，1846-1917），他因殺死過許多野牛而得此諢名，是美國西部的傳奇人物和許多美國兒童心目中的英雄。出生於1846年2月26日。

..第七章..

藝術作品裡
挖寶

接下來，

我要展示幾幅大師描繪的挖寶名作……

孟克（Edvard Munch，1863-1944）註1

註1：（編註）挪威表現主義畫家，本幅畫作酷似孟克在1893年的名作《吶喊》（Skrik）。

梵谷（Vincent Van Gogh，1853-1890）註2

註2：（編註）荷蘭後期印象主義畫家，本幅畫作酷似梵谷在1886-87年的名作《自畫像》（Self-Portrait）。

羅德列克（Henri de Toulouse-Lautrec，1864-1901）註3

註3：（編註）法國後期印象主義畫家，本幅畫作酷似羅德列克在1892年的名作《大使節酒館》
（Ambassadeurs: Aristide Bruant）。

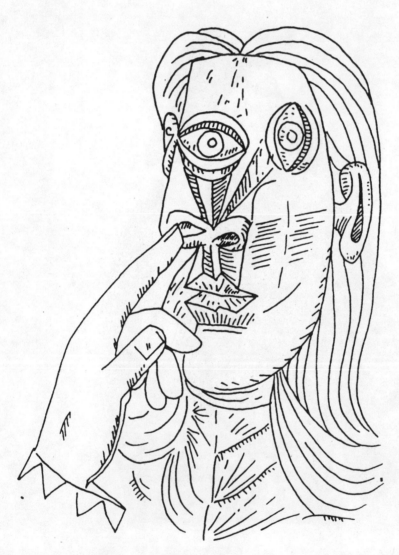

畢卡索（Pablo Picasso，1881-1973）

..第八章..

挖鼻之歌

茶餘飯後閒來無事

有個小小的天地

任你悠游

就在你臉龐中央......

> 一男站上證人席　　熱切挖寶使人迷
> 輕攏慢撚抹復挑　　順手擲向陪審席

大家對這首兒歌必然耳熟能詳，其實不止於此，多少世紀以來，歌誦挖寶之樂的詩詞歌賦多得不勝枚舉，1900年代初期可愛動聽的民謠《上帝給她美麗臉龐，但她掏鼻自作主張》傳唱千里，就是一例，還有所有挖鼻同好都喜愛的進行曲《鼻寶上校》，更振奮人心。這個傳統沿襲至今，依然有許多以此為題材的流行歌曲，比如「人人都在身體力行，身體力行，身體力行；挖寶咀嚼，挖寶咀嚼，挖寶咀嚼。」下面還有一些經典之作，不知大家是否還記得？

* 《真鼻美》（The Sound of Mucus）/茱麗安德魯斯（Julie Andrews）。
* 《隨風而擤》（Blowing in the Wind）/鮑勃狄倫（Bob Dylan）。
* 《紅鼻馴鹿》（Rudolph the Red-nosed Reindeer）/金恩奧特利（Gene Autry）。
* 《水泥與土》（Concrete and Clay）/Unit 4+2樂團。
* 《你的口香糖喪失了原味嗎？》（Does Your Chewing-gum Lose Its Flavor on the Bed-post Overnight?）/魯尼唐納甘（Lonnie Donegan）。
* 《搖、震、滾》（Shake, Rattle and Roll）/比爾海利樂團（Bill Haley & The Comets）。
* 《上帝才鼻》（God Only Nose）/海灘男孩合唱團（The Beach Boys）。
* 《頭昏眼花的手指頭》（Dizzy Fingers）/康符雷（Zez Confrey）。
* 《噓噓噓，鼻垢人來了》（Hush, Hush, Hush, Here Comes the Bogey Man）/亨利霍爾（Henry Hall）。
* 《橡皮球》（Rubber Ball）/鮑比維（Bobby Vee）。
* 《二手鼻》（Second Hand Nose）/芭芭拉史翠珊（Barbra Streisand）。
* 《我們能挖出來》（We Can Work It Out）/披頭四（The Beatles）。
* 《泰迪熊的野餐》（Teddy Bear's Picknic）/亨利霍爾（Henry Hall）。
* 《德州的黃鼻子》（The Yellow Nose of Texas）/米契米勒（Mitch Miller）。
* 《並非不尋常》（It's Not Unusual）/湯姆瓊斯（Tom Jones）。

《挖鼻者進行曲》

作詞作曲：胡彈

茶餘飯後閒來無事
有個小小的天地
任你悠游
就在你臉龐中央

前進吧，當眾掏寶！
何不讓自己享受？
不要吸，只要掏
趁你行過大街。
為什麼等四下無人？
良機一去不復返。
有花堪折直須折！來吧，咬下！
把你的旗幟升上桅杆！

站在角落坐在椅
欣賞電視，誰會在意？
開車等巴士，
為什麼大驚小怪？

沒有特定的挖寶季。
一年四季都可以。
清理跑道
無須計畫。
一旦習慣養成，
就難以戒除。
無拘無束，無比暢快
像耙子一樣用你的手指。
你就創造一球。

前進吧，當眾掏寶！
何不助自己一臂之力？
挖、黏、搓、彈，
像拉橡皮筋一樣。
有些人出自好意
對此習慣退避三舍。
堅持這個孔
不能挖只能嗅。

為何稱挖鼻為反社會？
為何像只敢摳腳的其他人？
杏仁糖或牛軋糖，都無法比得上
這是自製的巧克力奶油餅。

開鑿你的鼻孔
不用手帕。
出手指！
這能帶來
無與能比的解脫快感
前進吧，當眾掏寶！
採石場，礦坑、拖曳網，
挖掏揉搓──轉瞬之間

（原文歌詞及五線譜請見第111頁至第113頁）

March of The Nosepickers

Words and Music：Adam Zachary Flicket

When you've got an i – dle mo – ment. There's a spe – cial lit – tle place, Some – where

You can take your–self to – It's the mid–dle of your face.

1. Go on, pick your nose in pub – lic!
   Why wait till you're some – where pri – vate?
2. Go on, pick your nose in pub – lic!
   There are well in – ten –tioned peo – ple

Why	not	give your – self	a	treat? _____
Then	the	mo – ment will have	passed. _____ You	
Why	not	give your – self	a	hand?
Whom	this	ha – bit will	re – pel.	

Don't in – hale it,
You want to do it!
Pick it, lick it,
They in – sist this

挖鼻史

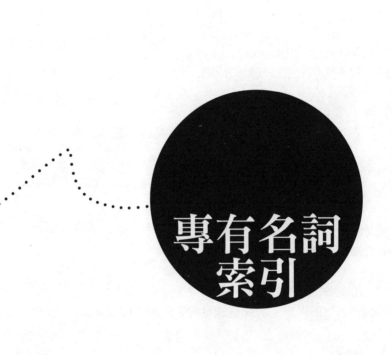

專有名詞
索引

擤（Blowing）

以突如其來的強力呼氣，把鼻涕由鼻子吹出來。足球隊員和議會成員已經養成用拇指和食指捏住鼻樑，吹出驚人效果的技巧。

鼻垢（Bogey, 複數用bogies）

在彈、捏、揉和吃下去之前的成品。

挖寶黑手黨（Cosa Nostril）

即「我們的事業」（Cosa Nostra），意思是義大利黑幫西西里黑手黨。

挖鼻（Gouge）

把食指和拇指伸入鼻子取出鼻垢。

鼻涕（Gunge）

黏液狀鼻垢過多。

手帕（Handkerchief, 縮寫成hanky）

白色或彩色方形棉布（約30毫米見方），用來擦或擤鼻子，現在已經不時興了。

雙手（Hands）

用來擦掉鼻涕鼻垢的物體。

食指（Index finger）

挖鼻者的良友，一般都有兩隻。

鼻子（Nose）

臉孔中央的突出物。

掏（Pick）
把手指伸入鼻內取出鼻垢。

小指（Pinky）
最後一隻指頭，可取代食指，女性挖鼻者喜愛的工具。

搓揉（Rolling）
以沾著鼻垢的食指尖端和大拇指互相碰觸，以便產生小球。

嗅聞（Sniffing）
用力以鼻吸氣，國際會議對此頗有微詞（見問答篇）。

鼻垢（Snot）
鼻內半液體狀的綠色物體。

大拇指（Thumb）
與食指搭配（見上），用作槓桿和刮刀，大部分的挖鼻同好都有兩隻。

擦（Wiping）
用衣袖、食指或手背，由臉、嘴、頭髮、衣服，或朋友的臉上除去鼻垢的方法。

國家圖書館出版品預行編目資料

挖鼻史／羅蘭·胡彈（Roland Flicket）著；

約翰·海恩（Jon Higham）插畫；莊若愚譯.

--初版.--台北市：三言社出版：家庭傳媒城邦分公司發行，

2005[民94]　120面；17×22公分，含索引。

譯自：Nosepicking for Pleasure：a handy guide by Roland Flicket

ISBN：986-7581-27-X（平裝）

1. 鼻 – 通俗作品

394.44　　　　　　　　　　　　　　　94020839

挖鼻史

Nosepicking for Pleasure: A Handy Guide by Roland Flicket

作　　　者　羅蘭·胡彈 Roland Flicket
繪　　　者　約翰·海恩 Jon Higham
譯　　　者　莊若愚
美術設計　陳瑀聲
總 編 輯　劉麗真
主　　編　何維民

發 行 人　涂玉雲
出　　版　三言社
　　　　　台北市信義路二段213號11樓
　　　　　電話：（02）2356-0933　傳真：（02）2356-0914
發　　　行　英屬蓋曼群島商家庭傳媒股份有限公司城邦分公司
　　　　　台北市民生東路二段141號2樓
　　　　　讀者服務專線：0800-020-299（週一至週五 9:30-12:00；13:30-17:30）
　　　　　電　　話：（02）2500-0888　傳真：（02）2500-1938
　　　　　郵撥帳號：19833503
　　　　　郵撥戶名：英屬蓋曼群島商家庭傳媒股份有限公司城邦分公司
　　　　　城邦網址：http://www.cite.com.tw
　　　　　E-mail：cs@cite.com.tw
香港發行所　城邦（香港）出版集團有限公司
　　　　　香港灣仔軒尼詩道235號3樓
　　　　　電話：（852）25086231　傳真：（852）25789337
馬新發行所　城邦（馬新）出版集團 Cite (M) Sdn. Bhd. (458372U)
　　　　　11, Jalan 30D/146, Desa Tasik, Sungai Besi
　　　　　57000 Kuala Lumpur, Malaysia
　　　　　電話：（603）90563833 傳真：（603）90562833

初版一刷　2005年11月30日
ISBN　986-7581-27-X
定價　180元
版權所有·翻印必究（Printed in Taiwan）